Notas sobre a PANDEMIA

Yuval Noah Harari

Notas sobre a PANDEMIA

E BREVES LIÇÕES PARA O MUNDO PÓS-CORONAVÍRUS

Tradução
Odorico Leal

COMPANHIA DAS LETRAS

Grafia atualizada segundo o Acordo Ortográfico da Língua Portuguesa de 1990, que entrou em vigor no Brasil em 2009.

Títulos originais
In the battle against coronavirus, humanity lacks leadership
'The world after coronavirus'
'Will coronavirus change our attitudes to death? Quite the opposite'
'This is the worst epidemic in at least 100 years'
Homo Deus author Yuval Harari shares pandemic lessons from past and warnings for future
'Every crisis is also an opportunity'

Capa
Ale Kalko

Preparação
Alexandre Boide

Revisão
Huendel Viana e Márcia Moura

Dados Internacionais de Catalogação na Publicação (CIP)
(Câmara Brasileira do Livro, SP, Brasil)

Harari, Yuval Noah
Notas sobre a pandemia : e breves lições para o mundo pós-coronavírus / Yuval Noah Harari ; tradução Odorico Leal. — 1ª ed. — São Paulo : Companhia das Letras, 2020.

ISBN 978-85-359-3370-3

1. Civilização moderna – Século 21 2. Coronavírus (COVID-19) 3. Coronavírus (COVID-19) – Pandemia 4. Humanidade – História 5. Textos – Coletâneas I. Título.

20-39562 CDD-909.83

Índice para catálogo sistemático:
1. Mundo contemporâneo : Transformações : História 909.83

Cibele Maria Dias – Bibliotecária – CRB-8/9427

1ª reimpressão

[2021]

EDITORA SCHWARCZ S.A.
Rua Bandeira Paulista, 702, cj. 32
04532-002 — São Paulo — SP
Telefone: (11) 3707-3500
www.companhiadasletras.com.br
www.blogdacompanhia.com.br
facebook.com/companhiadasletras
instagram.com/companhiadasletras
twitter.com/cialetras

Sumário

Prefácio

Esta não é uma história da pandemia da covid-19 e da crise do coronavírus. Haverá tempo suficiente no futuro para escrever essa história. Agora não é o momento de escrevê-la, mas de fazê-la. Os artigos incluídos neste livreto foram escritos durante o primeiro pico da crise, em março e abril de 2020, quando o vírus começava a se espalhar pelo globo, quando governos e cidadãos tentavam dimensionar a situação, e quando alguns políticos preferiram se retirar para uma ilha da fantasia, alegando que a covid-19 não passava de fake news.

Alguns dos detalhes mencionados nestes artigos já foram superados pelos eventos, mas acredito que as mensagens essenciais só se tornaram ainda mais relevantes. Hoje, de modo ainda mais agudo do que em março de 2020, estamos cientes da necessidade da cooperação internacional, da falta abissal de lideranças globais, do risco representado por demagogos e ditadores e do perigo das tecnologias de vigilância.

Como historiador, não posso oferecer aconselhamento médico, nem prever o futuro. O que posso oferecer é um pouco de perspectiva histórica. Epidemias desempenharam um papel central na história humana desde a Revolução Agrícola e frequentemente deflagaram crises políticas e econômicas. Como em pandemias anteriores, também em relação à covid-19 a coisa mais importante a lembrar é que os vírus não moldam a história. Os humanos, sim. Somos muito mais poderosos do que os vírus, e cabe a nós decidir como responderemos ao desafio. O aspecto do mundo depois da covid-19 depende das decisões que tomarmos hoje.

O maior risco que enfrentamos não é o vírus, mas os demônios interiores da humanidade: o ódio, a ganância e a ignorância. Podemos reagir à crise propagando ódio: por exemplo, culpando estrangeiros e minorias pela pandemia. Podemos reagir à crise estimulando a ganância: por exemplo, explorando a oportunidade para aumentar os lucros, como fazem as grandes corporações. E podemos reagir à crise disseminando ignorância: por exemplo, espalhando e acreditando em ridículas teorias da conspiração. Se assim reagirmos, será muito mais difícil lidar com a crise atual, e o mundo pós-covid-19 será um mundo desunido, violento e pobre.

Mas não há necessidade de reagir propagando ódio, ganância e ignorância. Podemos reagir gerando compaixão, generosidade e sabedoria. Podemos optar por acreditar na ciência, e não em teorias conspiratórias. Podemos optar por cooperar com os outros em vez de culpá-los pela epidemia. Podemos optar por compartilhar o que temos em vez de apenas acumular mais para nós mesmos. Reagindo assim, de forma positiva, será muito mais fácil lidar com a crise, e o mundo pós-covid-19 será muito mais harmonioso e próspero.

Espero que possamos tomar decisões sábias e compassivas nos meses por vir e que, a partir dessa crise, possamos criar um mundo melhor.

Yuval Noah Harari, julho de 2020

O autor abriu mão dos direitos autorais deste livro para que a editora possa doar parte do resultado das vendas para a Fundação Oswaldo Cruz (Fiocruz), que ajuda as vítimas da covid-19.

Na batalha contra o coronavírus, faltam líderes à humanidade

Muitas pessoas culpam a globalização pela epidemia do coronavírus e afirmam que o único jeito de evitar novos surtos dessa natureza é desglobalizar o mundo. Construir muros, restringir viagens, reduzir o comércio. Contudo, embora uma quarentena temporária seja essencial para deter epidemias, o isolacionismo prolongado conduzirá ao colapso econômico sem oferecer nenhuma proteção real contra doenças infecciosas. Muito pelo contrário. O verdadeiro antídoto para epidemias não é a segregação, mas a cooperação.

Epidemias matavam milhões de pessoas bem antes da atual era da globalização. No século XIV, não havia aviões nem cruzeiros, e no entanto a peste negra disseminou-se da Ásia Oriental à Europa Ocidental em pouco mais de uma década. Matou entre 75 milhões e 200 milhões de pessoas — mais de um quarto da população da Eurásia. Na Inglaterra, quatro em cada dez pessoas morreram. A cidade de Florença perdeu 50 mil de seus 100 mil habitantes.

Em março de 1520, um único hospedeiro da varíola — Francisco de Eguía — desembarcou no México. Na época, a América Central não tinha trens, ônibus, nem mesmo jumentos. No entanto, por volta de dezembro uma epidemia de varíola já devastava a América Central inteira, matando, de acordo com algumas estimativas, quase um terço de sua população.

Em 1918, uma cepa de gripe particularmente virulenta conseguiu se propagar em alguns meses pelos cantos mais remotos do planeta. Infectou meio bilhão de indivíduos — mais de um quarto da espécie humana. Estima-se que a gripe tenha matado 5% da população da Índia. No Taiti, 14% dos ilhéus morreram. Em Samoa, 20%. Ao todo, a pandemia matou dezenas de milhões de pessoas — chegando talvez a 100 milhões — em menos de um ano. Foi mais do que se matou em quatro anos de batalhas brutais na Primeira Guerra Mundial.

Nos cem anos que se passaram desde 1918, a humanidade se tornou ainda mais vulnerável a epidemias graças a uma combinação de crescimento populacional e maior eficácia dos transportes. Uma metrópole moderna como Tóquio ou a Cidade do México oferece aos patógenos um terreno de caça muito mais abundante que a Florença medieval, e a rede de transportes global é muito mais rápida hoje do que era em 1918. Um vírus pode realizar a travessia de Paris a Tóquio ou à Cidade do México em menos de 24 horas. Era de esperar, portanto, que vivêssemos num inferno infeccioso, padecendo de uma sucessão de pragas mortais.

Contudo, tanto a incidência quanto o impacto das epidemias decresceram dramaticamente. Apesar de episódios terríveis, como o da aids e o do ebola, no século XXI as epidemias matam uma proporção muito menor de pessoas do que em qualquer outra época desde a Idade da Pedra. Isso porque a melhor defesa que os humanos têm contra os patógenos não é o isolamento, mas a informação. A humanidade tem vencido a guerra contra as epidemias porque, na corrida armamentista entre patógenos e médicos, os patógenos dependem de mutações cegas, ao passo que os médicos se apoiam na análise científica da informação.

Quando a peste negra irrompeu no século XIV, as pessoas não tinham ideia do que a provocava e do que poderia ser feito. Até a chegada dos tempos modernos, os humanos geralmente atribuíam as doenças à fúria dos deuses, à ação de demônios malignos ou ao ar malfazejo, e nem sequer suspeitavam da existência de vírus e bactérias. Acreditavam em fadas e anjos, mas jamais imaginariam que uma única gota de água pudesse conter uma armada inteira de predadores mortais. Assim, quando a peste negra ou a varíola fizeram uma visita, a melhor ideia que ocorreu às autoridades foi organizar grandes orações a deuses e santos. Não ajudou. De fato, quando uma multidão se junta para rezar, o resultado costuma ser infecção em massa.

Ao longo do último século, cientistas, médicos e enfermeiros ao redor do mundo compartilharam informações e juntos conseguiram compreender tanto o mecanismo por trás das epidemias quanto os modos de combatê-las. A teoria da evolução explicou como e por que novas doenças deflagram e velhas doenças se tornam mais virulentas. Os estudos genéticos permitiram que os cientistas espionassem os manuais de instrução dos próprios patógenos. Enquanto os medievos nunca puderam descobrir a causa da peste negra, os cientistas levaram apenas duas semanas para identificar o novo coronavírus, sequenciar seu genoma e desenvolver um teste confiável para detectar pessoas infectadas.

Uma vez que se entendeu o que provoca as epidemias, ficou muito mais fácil combatê-las. Vacinas, antibióticos, hábitos de higiene aprimorados e uma infraestrutura médica muito superior deram à humanidade uma boa vantagem em relação a seus predadores invisíveis. Em 1967, a varíola ainda infectou 15 milhões de pessoas e matou 2 milhões. Mas na década seguinte uma campanha global de vacinação foi tão bem-sucedida que, em 1979, a Organização Mundial da Saúde declarou que a humanidade havia vencido e que a varíola fora completamente erradicada. Em 2019, ninguém contraiu a doença.

PROTEGER NOSSA FRONTEIRA

O que toda essa história nos ensina para lidar com a atual epidemia do coronavírus?

Primeiro, sugere que é impossível se proteger fechando permanentemente as fronteiras. Vale relembrar que as epidemias se propagaram rapidamente mesmo na Idade Média, muito antes da era da globalização. Assim, ainda que você reduzisse suas conexões globais ao patamar da Inglaterra de 1348, isso ainda não seria suficiente. Para realmente se proteger por meio do isolamento, o medievalismo não é solução à altura. Seria preciso voltar à Idade da Pedra. Você faria isso?

Em segundo lugar, a história indica que a proteção real vem da troca de informação científica confiável e da solidariedade global. Quando um país é atacado por uma determinada epidemia, deve estar disposto a compartilhar honestamente as informações sobre o surto, sem medo de uma catástrofe econômica, ao passo que os outros países devem ser capazes de confiar naquela informação, dispondo-se a estender uma mão amiga em vez de deixar a vítima no ostracismo. Hoje, a China pode ensinar uma porção de lições importantes sobre o coronavírus para o mundo inteiro, mas isso demanda um alto nível de confiança e cooperação internacionais.

A cooperação internacional é também necessária para medidas eficazes de quarentena. A quarentena e o toque de recolher são essenciais para interromper a propagação da epidemia. Mas quando os países não confiam uns nos outros e cada nação sente que está por conta própria, os governos hesitam em adotar medidas tão drásticas. Se você descobrisse cem casos de coronavírus em seu país, você isolaria imediatamente cidades e regiões inteiras? Em boa medida, isso depende do que você espera dos outros países. Paralisar cidades pode levar ao colapso econômico. Se achar que os demais países virão em seu socorro, você se sentirá mais disposto a adotar essa medida drástica. Mas se achar que os outros países o abandonarão, provavelmente hesitará até que seja tarde demais.

A coisa mais importante que as pessoas precisam compreender sobre a natureza das epidemias talvez seja que sua propagação em *qualquer* país põe em risco *toda* a espécie humana. Isso porque os vírus evoluem. Um vírus como o corona tem sua origem em animais, como o morcego. Quando salta para os humanos, o vírus encontra-se inicialmente pouco adaptado aos novos hospedeiros. Replicando-se dentro de nós, pode sofrer mutações. A maior parte delas é inofensiva. Mas de vez em quando a mutação torna o vírus mais infeccioso e mais resistente ao sistema imunológico humano — e essa cepa mutante rapidamente se alastrará pela população humana. Como um único indivíduo pode hospedar trilhões de partículas virais que se replicam o tempo todo, cada pessoa infectada oferta ao vírus trilhões de novas oportunidades para se adaptar melhor aos humanos. Cada hospedeiro humano é como uma máquina de apostas que dá ao vírus trilhões de bilhetes de loteria — e, para prosperar, o vírus só precisa de um único bilhete premiado.

Não se trata de mera especulação. O livro *Crisis in the Red Zone*, de Richard Preston, descreve exatamente essa cadeia de eventos no surto de ebola de 2014. Tudo começou quando alguns vírus saltaram de um morcego para um humano. Esses vírus adoeceram gravemente as pessoas, mas ainda eram mais aptos a viver dentro de morcegos do que no corpo humano. O que fez com que o ebola passasse de uma doença relativamente rara para uma epidemia devastadora foi uma única mutação em um único gene de um único vírus que infectou um único ser humano, em alguma parte da região de Makona, na África Ocidental. A mutação permitiu a essa cepa do ebola — chamada de cepa Makona — conectar-se aos transportadores de colesterol das células humanas. No lugar do colesterol, os transportadores agora levavam o ebola para dentro das células. A nova cepa era quatro vezes mais infecciosa nos humanos.

Enquanto você lê estas linhas, talvez uma mutação semelhante esteja acontecendo em um único gene no coronavírus que infectou alguma pessoa em Teerã, Milão ou Wuhan. Se for o caso, trata-se de uma ameaça direta não apenas aos iranianos, italianos ou chineses, mas também à sua vida. O mundo todo compartilha um interesse crucial em não dar esse tipo de oportunidade ao coronavírus. E isso significa que devemos proteger todas as pessoas em todos os países.

Nos anos 1970, a humanidade conseguiu derrotar o vírus da varíola porque todas as pessoas em todos os países se vacinaram. Bastava que um único país não vacinasse sua população para que a humanidade inteira ficasse exposta ao perigo, pois, enquanto o vírus da varíola existisse e evoluísse em algum lugar do mundo, sempre poderia voltar a propagar-se *por toda parte*.

Na luta contra os vírus, a humanidade precisa vigiar suas fronteiras com cuidado. Mas não as fronteiras entre países. Precisa, antes, vigiar as fronteiras entre o mundo dos humanos e a esfera dos vírus. Há, no planeta Terra, uma abundância de vírus, e eles estão em constante evolução graças a mutações genéticas. Os limites que separam essa esfera viral do mundo humano passam por dentro do corpo de cada ser humano. Se um vírus perigoso consegue penetrar essa fronteira em algum ponto do globo, toda a espécie humana corre perigo.

No último século, a humanidade fortificou essa fronteira como nunca. Nossos sistemas de saúde modernos foram construídos para funcionar como muros ao longo dessa fronteira, e os enfermeiros, médicos e cientistas são os guardas que a patrulham, repelindo os intrusos. Contudo, longas seções da fronteira foram deixadas lamentavelmente expostas. Há centenas de milhões de pessoas ao redor do mundo sem acesso aos serviços mais básicos de saúde. Isso representa um risco para todos nós. Estamos acostumados a pensar nesse tema em termos nacionais, no entanto oferecer assistência médica a iranianos e chineses também ajuda a proteger israelenses e americanos contra epidemias. Essa simples verdade deveria ser óbvia para todos, mas, infelizmente, ela escapa até mesmo a algumas das pessoas mais influentes do mundo.

UM MUNDO SEM LÍDERES

Hoje, a humanidade enfrenta uma crise aguda não apenas por causa do coronavírus, mas também pela falta de confiança entre os seres humanos. Para derrotar uma epidemia, as pessoas precisam confiar nos especialistas, os cidadãos precisam confiar nos poderes públicos e os países precisam confiar uns nos outros. Nos últimos anos, políticos irresponsáveis solaparam deliberadamente a confiança na ciência, nas instituições e na cooperação internacional. Como resultado, enfrentamos a crise atual sem líderes que possam inspirar, organizar e financiar uma resposta global coordenada.

Durante a epidemia do ebola em 2014, os Estados Unidos atuaram como esse tipo de líder. Também desempenharam esse papel na crise financeira de 2008, quando se uniram a um número suficiente de países para evitar o colapso econômico global. Contudo, nos últimos anos, o país renunciou ao papel de líder global. O atual governo cortou o apoio a organizações internacionais como a Organização Mundial da Saúde e deixou bastante claro ao mundo que os Estados Unidos já não têm nenhum amigo de verdade, apenas interesses. Quando a crise do coronavírus eclodiu, o país permaneceu à margem e, até o momento, absteve-se de assumir o papel de líder. Ainda que possa vir a fazê-lo, a confiança no atual governo erodiu-se de tal forma que poucos países estariam dispostos a segui-lo. Você seguiria um líder cujo lema é "primeiro eu"?

O vazio deixado pelos Estados Unidos não foi preenchido por nenhuma outra nação. Pelo contrário. Xenofobia, isolacionismo e desconfiança agora caracterizam a maior parte do sistema internacional. Sem confiança e solidariedade globais não seremos capazes de parar a epidemia do coronavírus, e é provável que enfrentemos mais epidemias desse tipo no futuro. Mas toda crise é também uma oportunidade. Com sorte, a presente epidemia ajudará a humanidade a perceber o grave risco imposto pela desunião global.

Para citar um exemplo proeminente, a epidemia pode ser uma oportunidade de ouro para que os Estados Unidos reconquistem o apoio popular que perderam nos últimos anos. Se os membros mais afortunados da União Europeia enviassem, pronta e generosamente, dinheiro, equipamentos e médicos para socorrer os seus colegas mais atingidos, isso provaria o valor do ideal europeu mais do que qualquer discurso. Se, por outro lado, cada país for abandonado à própria sorte, então a epidemia talvez represente a sentença de morte da união.

Neste momento de crise, a batalha decisiva trava-se dentro da própria humanidade. Se essa epidemia resultar em maior desunião e maior desconfiança entre os seres humanos, o vírus terá aí sua grande vitória. Quando os humanos batem boca, os vírus se multiplicam. Por outro lado, se a epidemia resultar numa cooperação global mais estreita, triunfaremos não apenas contra o coronavírus, mas contra todos os patógenos futuros.

Publicado originalmente no site da revista *Time*,
em 15 de março de 2020

O mundo depois do coronavírus

Esta tempestade passará.
Mas as escolhas que faremos agora
poderão mudar nossas vidas
por muitos anos.

A humanidade enfrenta agora uma crise global. Talvez a maior da nossa geração. As decisões que as pessoas e os governos tomarem nas próximas semanas provavelmente moldarão o mundo por muitos anos. Moldarão não apenas nossos sistemas de saúde, mas também a economia, a política e a cultura. Precisamos agir com presteza e convicção. E também levar em conta as consequências de longo prazo de nossas ações. Ao escolher entre as alternativas que se apresentam, devemos nos perguntar não apenas como superar a ameaça imediata, mas também que tipo de mundo habitaremos uma vez passada a tempestade. Sim, a tempestade passará, a humanidade sobreviverá, a maioria de nós ainda estará viva — mas habitaremos um mundo diferente.

Muitas medidas emergenciais de curto prazo se tornarão parte da nossa vida. Essa é a natureza das emergências: elas aceleram processos históricos. Decisões que em tempos normais demandariam anos de deliberação são aprovadas em questão de horas. Tecnologias incipientes e até perigosas são ativadas, pois os riscos de não fazer nada são maiores. Países inteiros assumem o papel de cobaia em experimentos sociais de larga escala. O que acontece quando todo mundo trabalha de casa e se comunica apenas à distância? O que acontece quando escolas e universidades inteiras passam a operar on-line? Em tempos normais, governos, empresas e autoridades educacionais jamais concordariam em conduzir tais experimentos. Mas estes não são tempos normais.

Neste momento de crise, estamos diante de duas escolhas particularmente importantes. A primeira se dá entre vigilância totalitária e empoderamento do cidadão; a segunda, entre isolamento nacionalista e solidariedade global.

MONITORAMENTO "SOB A PELE"

Para vencer a epidemia, populações inteiras precisam obedecer a certas orientações. Há duas formas principais de conseguir isso. Em um dos métodos, o governo monitora as pessoas e pune aqueles que burlam as regras. Hoje, pela primeira vez na história humana, a tecnologia possibilita monitorar uma população inteira o tempo todo. Cinquenta anos atrás, a KGB não tinha como vigiar 240 milhões de cidadãos soviéticos 24 horas por dia, e jamais conseguiria processar de modo efetivo toda a informação coletada. A KGB dependia de agentes e analistas humanos, e era impraticável designar um para cada cidadão. Agora os governos contam com sensores onipresentes e com poderosos algoritmos, em vez de espiões de carne e osso.

Na batalha contra a epidemia do coronavírus, vários governos já empregaram as novas ferramentas de vigilância. O caso mais notório é a China. Monitorando de perto os smartphones da população, recorrendo ao uso de centenas de milhões de câmeras de reconhecimento facial e obrigando as pessoas a verificarem e reportarem sua temperatura e seu quadro clínico, as autoridades chinesas podem não apenas detectar rapidamente possíveis infectados, mas também rastrear sua movimentação, identificando qualquer pessoa que tenha entrado em contato com eles. Uma série de aplicativos de celular avisa os cidadãos da proximidade de pacientes infectados.

Esse tipo de tecnologia não se limita à Ásia Oriental. O primeiro-ministro de Israel, Benjamin Netanyahu, autorizou recentemente a Agência de Segurança Israelense a empregar tecnologias de vigilância geralmente reservadas ao combate ao terrorismo para monitorar casos de pacientes com coronavírus. Quando o subcomitê parlamentar encarregado da questão se recusou a autorizar a medida, Netanyahu bateu o martelo com um "decreto emergencial".

Pode-se argumentar que não há nada de novo nisso tudo. Nos últimos anos, governos e corporações têm usado as tecnologias mais sofisticadas para localizar, monitorar e manipular pessoas. No entanto, sem o devido cuidado, a epidemia pode vir a ser um divisor de águas na história da vigilância. Não apenas por normalizar o emprego de ferramentas de monitoramento em massa em países que até agora as têm rejeitado, mas principalmente por implicar uma transição drástica de um monitoramento "*sobre* a pele" para um monitoramento "*sob* a pele".

Até pouco tempo atrás, quando seu dedo tocava a tela de seu smartphone e acessava um link, o governo queria saber em que exatamente você clicou. Com o coronavírus, o foco de interesse mudou. Agora o governo quer saber a temperatura do seu dedo e a pressão sanguínea sob a sua pele.

Um dos problemas que enfrentamos ao procurar estabelecer uma posição sobre o tema do monitoramento é que nenhum de nós sabe exatamente como estamos sendo monitorados e o que o futuro próximo nos reserva. As tecnologias de monitoramento estão se desenvolvendo a uma velocidade desconcertante, e o que parecia ficção científica dez anos atrás hoje já é notícia velha. Como exercício intelectual, considere um governo hipotético que resolva exigir que todo cidadão use um bracelete biométrico para monitorar a temperatura do corpo e os batimentos cardíacos 24 horas por dia. Os algoritmos saberão que você está doente mesmo antes de você saber, e também onde esteve, e quem encontrou. As cadeias de infecção poderiam ser drasticamente encurtadas, e talvez até suspensas por completo. É concebível que um sistema desse tipo encerrasse a epidemia dentro de alguns dias. Uma maravilha, certo?

O problema, claro, é que isso legitimaria um novo e tenebroso sistema de vigilância. Se você sabe, por exemplo, que cliquei num link da Fox News em vez de um da CNN, isso pode lhe ensinar algo sobre as minhas inclinações políticas e talvez até sobre a minha personalidade. Mas, se você puder monitorar o que anda acontecendo com a minha temperatura, minha pressão sanguínea e meus batimentos cardíacos enquanto assisto ao vídeo, será capaz de descobrir o que me faz rir, o que me faz chorar e o que me deixa com muita, muita raiva.

Convém lembrar que raiva, alegria, tédio e amor são fenômenos biológicos, como a febre e a tosse. A mesma tecnologia que identifica tosses também pode identificar risadas. Se corporações e governos começarem a colher nossos dados biométricos em massa, podem acabar nos conhecendo melhor do que nós mesmos, tornando-se capazes não apenas de prever nossos sentimentos, mas também de manipulá-los e de nos vender o que bem desejarem — seja um produto ou um político. O monitoramento biométrico faria as táticas de hackeamento de dados da Cambridge Analytica parecer coisa da Idade da Pedra. Imagine a Coreia do Norte em 2030, quando todo cidadão for obrigado a usar um bracelete biométrico 24 horas por dia. Se estiver ouvindo um discurso do Grande Líder e o bracelete captar os sinais típicos de raiva, é o fim da linha para você.

Claro, é possível argumentar a favor do monitoramento biométrico como uma medida temporária acionada durante um estado de emergência, que seria deixada de lado uma vez que a emergência chegasse ao fim. Mas medidas temporárias têm o péssimo hábito de sobreviver às emergências, especialmente quando há sempre uma nova espreitando no horizonte. Durante a Guerra de Independência de 1948, meu país natal, Israel, por exemplo, declarou um estado de emergência que justificava uma série de medidas temporárias, da censura à imprensa e do confisco de terras a regulamentos especiais quanto à produção de pudins (é sério). A Guerra de Independência foi vencida há muito tempo, mas Israel jamais decretou o fim da emergência e nunca conseguiu abolir muitas das medidas "temporárias" de 1948 (o decreto do pudim emergencial foi piedosamente revogado em 2011).

Mesmo quando as infecções por coronavírus chegarem a zero, alguns governos famintos por dados talvez argumentem que precisam manter o sistema de monitoramento porque temem uma segunda onda de casos de coronavírus, ou porque há uma nova cepa de ebola na África Central, ou porque... Enfim, já deu para entender. Uma grande batalha pela nossa privacidade tem sido travada nos últimos anos. A crise do coronavírus pode ser o grande marco dessa batalha. Pois quando se apresenta às pessoas uma escolha entre privacidade e saúde, elas costumam optar pela saúde.

A POLÍCIA DO SABÃO

Pedir às pessoas que escolham entre privacidade e saúde é, na verdade, a própria raiz do problema, pois se trata de um falso dilema. Podemos e devemos usufruir tanto de privacidade como de saúde. Podemos optar por proteger nossa saúde e vencer a epidemia do coronavírus não instituindo regimes de vigilância, mas empoderando os cidadãos. Nas últimas semanas, alguns dos esforços mais bem-sucedidos para conter a epidemia foram orquestrados por Coreia do Sul, Taiwan e Cingapura. Embora esses países tenham feito algum uso de aplicativos de rastreamento, valeram-se muito mais da testagem extensiva, dos relatórios honestos e da cooperação de um público bem informado.

Monitoramento centralizado e punições severas não são o único modo de fazer as pessoas seguirem diretrizes benéficas. Quando uma população tem conhecimento dos fatos científicos, e quando acredita que as autoridades públicas divulgarão esses fatos, seus cidadãos podem fazer a coisa certa sem um Grande Irmão a monitorá-los de perto. Uma população bem informada agindo por conta própria costuma ser muito mais poderosa e efetiva do que uma população ignorante e policiada.

Considere-se, por exemplo, o hábito de lavar as mãos com sabão. Esse foi um dos maiores avanços históricos no campo da higiene humana. Esse simples gesto salva milhões de vidas todos os dias. Embora pareça muito natural, foi apenas no século XIX que os cientistas descobriram a importância de fazê-lo. Antes disso, mesmo médicos e enfermeiras passavam de uma operação cirúrgica à próxima sem lavar as mãos. Hoje, bilhões de pessoas lavam as mãos diariamente, não por temerem a polícia do sabão, mas por compreenderem os fatos. Lavo minhas mãos com sabão porque já ouvi falar de vírus e bactérias, compreendo que esses organismos minúsculos causam doenças, e sei que o sabão é capaz de removê-los.

Mas, para atingir esse nível de aquiescência e cooperação, é preciso confiança. As pessoas precisam confiar na ciência, nas autoridades e na mídia. Nos últimos anos, políticos irresponsáveis sabotaram deliberadamente a confiança na ciência, nas autoridades e na mídia. Agora, é possível que esses mesmos políticos irresponsáveis se sintam tentados a seguir o rumo do autoritarismo, argumentando que não se pode apostar que o povo fará a coisa certa.

Normalmente, é impossível reconstruir da noite para o dia uma confiança que foi sendo destruída ao longo de muitos anos. Mas não vivemos tempos normais. Em momentos de crise, as mentes também podem mudar com rapidez. Você pode travar amargas discussões com seus irmãos por anos a fio, mas, diante de uma emergência, não demora a se dar conta de que existe um reservatório até então oculto de confiança e amizade, e todos correm para ajudar um ao outro. Em vez de construir um regime de monitoramento, ainda não é tarde demais para reconstruir a confiança das pessoas na ciência, nas autoridades e na mídia. Devemos fazer uso de novas tecnologias também, sem dúvida, mas para empoderar os cidadãos. Sou completamente a favor de monitorar a temperatura e a pressão sanguínea, mas esses dados não devem ser usados para criar um governo todo-poderoso. Em vez disso, os dados devem permitir que façamos escolhas pessoais mais bem informadas, e que também responsabilizemos o governo pelas decisões que toma.

Se eu pudesse rastrear meu próprio quadro clínico 24 horas por dia, descobriria não apenas se me tornei um risco de saúde para outras pessoas, mas também que hábitos contribuem para minha saúde. E, se pudesse acessar e analisar estatísticas confiáveis na propagação do coronavírus, seria capaz de julgar se o governo está me dizendo a verdade e se está adotando as medidas certas no combate à epidemia. Sempre que o assunto for monitoramento, vale lembrar que geralmente a mesma tecnologia pode ser usada não apenas para que os governos monitorem os indivíduos, mas também para que os indivíduos monitorem os governos.

A epidemia do coronavírus é, portanto, um grande teste de cidadania. Nos dias que virão, cada um de nós deverá optar por confiar nas informações científicas e nos especialistas em vez de em teorias conspiratórias sem fundamento e políticos oportunistas. Se não formos capazes de fazer a escolha certa, podemos acabar abdicando de nossas liberdades mais preciosas, acreditando que esse é o único caminho para proteger nossa saúde.

PRECISAMOS DE UM PLANO GLOBAL

A segunda decisão importante a ser confrontada é entre o isolamento nacionalista e a solidariedade global. Tanto a própria epidemia como a crise econômica resultante são problemas mundiais. Só podem ser solucionados de maneira efetiva pela cooperação internacional.

Primeiro e acima de tudo, para derrotar o vírus precisamos compartilhar informações globalmente. Essa é a grande vantagem dos seres humanos sobre os vírus. Um coronavírus na China e um coronavírus nos Estados Unidos não podem trocar dicas sobre como infectar humanos. Mas a China pode ensinar muitas lições valiosas aos Estados Unidos sobre como lidar com o coronavírus. O que um médico italiano descobre em Milão no começo da manhã pode muito bem salvar vidas em Teerã ao cair da tarde. Quando o governo britânico se vê hesitando entre uma variedade de medidas, pode se aconselhar com os sul-coreanos, que já enfrentaram um dilema similar um mês atrás. Mas, para que isso ocorra, precisamos de um espírito de confiança e cooperação internacional.

Os países devem estar dispostos a compartilhar abertamente informações e a humildemente pedir conselhos, além de ser capazes de confiar nos dados e insights que recebem. Também precisamos de um esforço global para produzir e distribuir equipamento médico, sobretudo kits de testagem e respiradores.

Em vez de cada país procurar agir em âmbito local, estocando todo equipamento que for capaz de adquirir, um esforço global coordenado pode acelerar imensamente a produção e garantir que equipamentos essenciais para salvar vidas sejam distribuídos de maneira mais justa. Assim como os governos nacionalizam indústrias essenciais em períodos de guerra, a guerra humana contra o coronavírus talvez demande que "humanizemos" certas linhas de produção cruciais. Um país rico com poucos casos de coronavírus deve se disponibilizar a enviar equipamentos preciosos para países mais pobres com muitos casos, confiando que, se e quando precisar de ajuda, outras nações virão em seu auxílio.

Também deveríamos considerar um esforço global no sentido de partilhar profissionais da área médica. Países no momento menos afetados poderiam enviar equipes médicas para as regiões do mundo atingidas de forma mais dura, tanto para auxiliá-los no momento de necessidade como para adquirir uma experiência valiosa. Se mais tarde o foco da epidemia mudar, a ajuda pode começar a fluir na direção contrária.

A cooperação internacional é uma necessidade vital também no campo econômico. Dada a natureza global da economia e das cadeias de distribuição, se cada governo agir por conta própria, desconsiderando completamente os demais, o resultado será o caos e uma crise mais profunda. Precisamos de um plano de ação global, e precisamos para já.

Outro requisito é chegar a um acordo global no que diz respeito às viagens. Suspender todos os voos internacionais por meses a fio provocará dificuldades tremendas e provocará entraves na guerra contra o coronavírus. Os países precisam cooperar de modo a permitir que pelo menos uma parte dos viajantes essenciais continue cruzando fronteiras: cientistas, médicos, jornalistas, políticos e empresários. Pode-se fazer isso com um acordo global de pré-triagem dos viajantes, a ser realizada pelo país de origem. Sabendo que apenas viajantes que passaram por uma cuidadosa triagem embarcaram no avião, você se sentirá mais disposto a aceitá-los em seu país.

No momento, infelizmente, os governos nacionais não estão fazendo quase nada disso. Uma paralisia coletiva se apossou da comunidade internacional. Parece não haver adultos na sala. Era de esperar que semanas atrás tivéssemos testemunhado um encontro emergencial entre os líderes globais para traçar um plano comum de ação. Mas só esta semana os governantes dos países do G7 conseguiram organizar uma videoconferência, que não resultou em plano nenhum.

Em crises globais anteriores — como a crise financeira de 2008 e a epidemia de ebola de 2014 —, os Estados Unidos assumiram a liderança. Mas o atual governo norte-americano abdicou desse papel. Deixou bem claro que se importa muito mais com a grandeza dos Estados Unidos da América do que com o futuro da humanidade.

Trata-se de um governo que abandonou até mesmo seus aliados mais próximos. Quando baniu todos os voos oriundos da União Europeia, nem sequer se deu ao trabalho de notificar previamente os europeus, muito menos de consultá-los a respeito de uma medida tão drástica. Escandalizou a Alemanha por supostamente oferecer 1 bilhão de dólares para uma companhia farmacêutica a fim de comprar os direitos de monopólio de uma nova vacina contra a covid-19. Mesmo se a atual administração finalmente mudasse de rumo e aparecesse com um plano de ação global, poucos haveriam de seguir um líder que jamais assume a própria responsabilidade, que nunca admite equívocos e que costuma tomar para si todos os bônus e empurrar os ônus para os outros.

Se o vazio deixado pelos Estados Unidos não for

preenchido por outros países, não apenas será muito mais difícil deter a epidemia, mas seu legado continuará a envenenar as relações internacionais por anos a fio. No entanto, toda crise é uma oportunidade. Precisamos torcer para que a atual epidemia ajude a humanidade a enxergar o grave perigo que a desunião global representa.

A humanidade precisa fazer uma escolha. Seguiremos pela rota da desunião ou adotaremos o caminho da solidariedade global? Se optarmos pela desunião, isso não apenas prolongará a crise como provavelmente resultará em catástrofes ainda piores no futuro. Se escolhermos a solidariedade global, será uma vitória não só contra o coronavírus, mas contra todas as crises e epidemias futuras que podem vir a se abater sobre a humanidade no século XXI.

Publicado originalmente no *Financial Times*
em 20 de março de 2020

O coronavírus transformará nossas atitudes diante da morte? Muito pelo contrário

A pandemia do coronavírus fará com que retomemos atitudes mais tradicionais e resignadas em relação à morte — ou reforçará nossas tentativas de prolongar a vida?

O mundo moderno foi moldado pela crença de que os seres humanos podem ludibriar e vencer a morte. Era uma atitude nova, revolucionária. Durante a maior parte da nossa história, os humanos submeteram-se resignadamente à morte. Até a idade moderna tardia, a maioria das religiões e ideologias via a morte não apenas como nosso destino inevitável, mas como a maior fonte de sentido na vida. Os eventos mais importantes da existência humana aconteciam depois do último suspiro. Só então a pessoa era apresentada aos verdadeiros segredos da vida. Só então se ganhava a salvação eterna, ou se sofria a danação sem fim. Em um mundo sem morte — e portanto sem paraíso, inferno ou reencarnação —, religiões como o cristianismo, o islamismo ou o hinduísmo não fariam sentido algum. Ao longo da maior parte da história, as melhores mentes humanas ocuparam-se em dar sentido à morte, não em lutar para vencê-la.

A epopeia de Gilgamesh, o mito de Orfeu e Eurídice, a Bíblia, o Alcorão, os Vedas e diversos outros livros sagrados e lendas explicavam pacientemente aos humanos aflitos que morremos porque assim o decretou Deus, ou o cosmos, ou a Mãe Natureza, e que era melhor aceitarmos esse destino com humildade e decoro. Talvez algum dia Deus abolisse a morte por meio de algum grande gesto metafísico, como a segunda vinda de Cristo. Mas orquestrar cataclismas desse tipo estava claramente acima do nível hierárquico de humanos de carne e osso.

E então veio a revolução científica. Para os cientistas, a morte não é um decreto divino — trata-se de um problema meramente mecânico. Os humanos morrem não porque Deus assim determinou, mas por causa de alguma falha técnica. O coração para de bombear sangue. Um câncer destrói o fígado. Vírus multiplicam-se nos pulmões. E a que se devem todos esses problemas técnicos? Outros problemas técnicos. O coração para de bombear sangue porque não recebe oxigênio suficiente. Células cancerígenas se espalham pelo fígado devido a alguma mutação genética aleatória. Vírus instalam-se nos meus pulmões porque alguém espirrou no ônibus. Não há nada de metafísico nessas coisas.

E a ciência acredita que todo problema técnico tem uma solução técnica. Não precisamos esperar a segunda vinda de Cristo para superar a morte. Alguns cientistas num laboratório podem resolver a questão. Se antes a morte era tradicionalmente a especialidade de padres e teólogos de batina negra, agora contamos com a turma do jaleco branco. Caso o coração falhe, podemos estimulá-lo com um marca-passo ou mesmo providenciar um transplante. Se um câncer aprontar alguma coisa, podemos matá-lo com radiação. Se os vírus se proliferam nos pulmões, podemos neutralizá-los com algum medicamento.

Claro, no momento, não podemos resolver todos os problemas técnicos possíveis. Mas trabalhamos para isso. As melhores mentes humanas já não gastam seu tempo tentando dar um sentido à morte. Em vez disso, ocupam-se em prolongar a vida. Investigam os sistemas microbiológicos, fisiológicos e genéticos responsáveis pelas doenças e pelo envelhecimento e desenvolvem novos remédios e tratamentos revolucionários.

Em seus esforços para prolongar a vida, os humanos têm sido notavelmente bem-sucedidos. Nos últimos dois séculos, a expectativa de vida média saltou de menos de quarenta anos para 72 no mundo inteiro, e para mais de oitenta em alguns países desenvolvidos. As crianças, em especial, estão muito mais bem protegidas contra as garras da morte. Até o século XX, pelo menos um terço delas não alcançava a idade adulta. Os pequenos rotineiramente sucumbiam a doenças da infância, como disenteria, sarampo e varíola. Na Inglaterra do século XVII, em torno de 150 de cada mil recém-nascidos morriam durante o primeiro ano de vida, e só cerca de setecentos chegavam aos quinze anos de idade. Hoje, apenas cinco de cada mil bebês ingleses morrem em seu primeiro ano, e 993 celebram o aniversário de quinze anos. No mundo em geral, a mortalidade infantil caiu para menos de 5%.

Os humanos foram tão bem-sucedidos na tentativa de proteger e prolongar a vida que nossa visão de mundo sofreu uma transformação profunda. Enquanto as religiões tradicionais viam o pós-vida como a principal fonte de significado, a partir do século XVIII ideologias como o liberalismo, o socialismo e o feminismo perderam todo interesse nele. O que acontece exatamente com um comunista depois que morre? Ou com um capitalista? E com uma feminista? É inútil buscar a resposta nos escritos de Karl Marx, Adam Smith ou Simone de Beauvoir.

A única ideologia moderna que ainda concede à morte um papel central é o nacionalismo. Em seus momentos mais poéticos e desesperados, o nacionalismo promete que quem morrer pela nação viverá para sempre na memória coletiva. Mas essa promessa é tão nebulosa que até os nacionalistas mais ferrenhos não sabem bem o que fazer com ela. Como se "vive" de fato na memória? Depois da morte, como saber se as pessoas se lembram de você ou não? Certa feita perguntaram a Woody Allen se ele desejava viver eternamente na memória dos cinéfilos. Allen respondeu: "Prefiro continuar vivendo no meu apartamento". Muitas religiões tradicionais inclusive mudaram de foco. Em vez de prometer algum tipo de paraíso no pós-vida, agora enfatizam o que podem fazer por você nesta vida.

A atual pandemia mudará as atitudes dos seres humanos diante da morte? Provavelmente não. Pelo contrário. A covid-19 provavelmente nos fará redobrar os esforços para proteger vidas humanas. Pois a reação cultural predominante à covid-19 não é a resignação — é uma mistura de indignação e esperança.

Quando uma epidemia eclodia numa sociedade pré-moderna como a Europa medieval, as pessoas naturalmente temiam por suas vidas e ficavam arrasadas com a morte dos entes queridos, mas a principal reação cultural era a resignação. Os psicólogos talvez chamem isso de "impotência adquirida". As pessoas repetiam que era a vontade de Deus — ou talvez uma retribuição divina pelos pecados da humanidade. "Deus é quem sabe. Nós, ímpios, merecemos. E, você verá, no fim, terá sido melhor assim. Não se preocupe, os bons terão sua recompensa no paraíso. E nem perca seu tempo buscando um remédio. Essa doença foi enviada por Deus para nos punir. Os que pensam que os humanos podem superar essa epidemia pelo próprio engenho estão apenas acrescentando o pecado da vaidade a seus outros crimes. Quem somos nós para frustrar os planos de Deus?"

Hoje nossa atitude é o oposto disso. Sempre que algum desastre mata muita gente — um acidente de trem, um incêndio de grandes proporções, ou mesmo um furacão —, tende-se a enxergar no acontecimento uma falha humana evitável, não uma punição divina ou uma calamidade natural incontrolável. Se a companhia ferroviária não economizasse no orçamento de segurança, se a prefeitura adotasse melhores regulamentações no combate a incêndios, e se o governo tivesse enviado ajuda com mais agilidade, essas vidas poderiam ter sido salvas. No século XXI, mortes em massa tornaram-se motivo automático para processos e investigações.

Essa é nossa atitude também em relação às pragas. Embora alguns pregadores religiosos tenham se apressado a descrever a aids como uma punição divina direcionada à população gay, a sociedade moderna felizmente relegou esse ponto de vista aos extremistas lunáticos, e hoje em dia, em geral, consideramos a propagação da aids, do ebola e de outras epidemias recentes como fracassos organizacionais. Pressupomos que a humanidade dispõe do conhecimento e das ferramentas necessárias para conter essas pragas e, se uma doença infecciosa ainda assim foge do controle, culpa-se a incompetência humana em vez da ira divina. A covid-19 não é exceção. A crise está longe de acabar, mas o jogo de acusações já começou. Políticos rivais empurram a responsabilidade uns para os outros como quem lança uma granada de mão sem pino.

Junto com a indignação, há também uma grande parcela de esperança. Nossos heróis não são os padres que enterram os mortos e justificam a calamidade — nossos heróis são os médicos que salvam vidas. E nossos super-heróis são os cientistas nos laboratórios. Assim como os espectadores sabem que o Homem-Aranha e a Mulher Maravilha em algum momento derrotarão os malfeitores e salvarão o mundo, também estamos certos de que, dentro de alguns meses, talvez um ano, o pessoal nos laboratórios encontrará tratamentos efetivos para a covid-19 e até mesmo uma vacina. Então mostraremos ao danado do coronavírus quem é o organismo alpha neste planeta! A pergunta na ponta da língua de todos, desde a Casa Branca, passando por Wall Street, até as varandas na Itália, é: "Quando fica pronta a vacina?". *Quando*. Não *se*.

Quando a vacina ficar de fato pronta e a pandemia chegar ao fim, qual será a principal lição que a humanidade extrairá disso tudo? Muito provavelmente, que precisamos dedicar ainda mais esforços à proteção das vidas humanas. Precisamos de mais hospitais, mais profissionais de medicina e enfermagem. Precisamos estocar mais respiradores, mais equipamentos de proteção, mais kits de testagem. Precisamos investir mais dinheiro na pesquisa de patógenos desconhecidos e no desenvolvimento de novos tratamentos. Não podemos ser pegos desprevenidos de novo.

Alguns podem argumentar que essa é a lição errada, e que a crise deveria estimular nossa humildade. Não deveríamos ter tanta certeza da nossa habilidade em subjugar as forças da natureza. Muitas dessas vozes antagônicas são de negacionistas medievais, que pregam humildade apesar de estarem cem por cento convencidos de que têm todas as respostas corretas. Alguns fanáticos não conseguem se conter -- um pastor que conduz estudos bíblicos semanais para o gabinete de Donald Trump argumentou que esta epidemia também é uma punição divina por causa da homossexualidade. Mas, nos dias de hoje, mesmo a maior parte dos grandes irradiadores da tradição põe sua confiança na ciência em vez de nas escrituras.

A Igreja católica instruiu os fiéis a manterem-se longe das igrejas. Israel fechou todas as sinagogas. A República Islâmica do Irã tem desencorajado a visitação às mesquitas. Templos e seitas de todos os tipos suspenderam as cerimônias públicas. E tudo porque cientistas fizeram alguns cálculos e recomendaram o fechamento desses espaços sagrados.

Claro, nem todo mundo que nos alerta para o húbris humano sonha em voltar para a Idade Média. Mesmo os cientistas concordam que devemos ser realistas nas nossas expectativas, e que não devemos desenvolver uma fé cega no poder dos médicos de nos proteger de todas as calamidades da vida. Mesmo que a humanidade como um todo se torne ainda mais poderosa, os indivíduos ainda precisam encarar a própria fragilidade. Talvez em um ou dois séculos a ciência prolongue a vida humana indefinidamente, mas não agora. Com a possível exceção de um punhado de bebês bilionários, todos nós morreremos um dia, e todos perderemos entes queridos. Precisamos aceitar nossa transitoriedade.

Por séculos a fio, as pessoas usaram a religião como um mecanismo de defesa, acreditando que existiriam para sempre no pós-vida. Agora passaram a usar a ciência como um mecanismo de defesa alternativo, acreditando que os médicos sempre os salvarão, e que viverão para sempre em seus apartamentos. Precisamos de uma abordagem equilibrada nesse ponto. Devemos confiar na ciência para lidar com epidemias, mas ainda precisamos suportar o fardo de lidar com nossa mortalidade e nossa transitoriedade como indivíduos.

A atual crise pode, sim, tornar muitos indivíduos mais conscientes da natureza impermanente da vida e dos feitos humanos. No entanto, a civilização moderna como um todo provavelmente seguirá na direção oposta. Diante do lembrete de sua fragilidade, reagirá construindo defesas ainda mais fortes. Quando a crise acabar, não espero ver um crescimento significativo no orçamento dos departamentos de filosofia. Mas aposto que veremos um crescimento maciço das verbas direcionadas a faculdades de medicina e sistemas de saúde.

E talvez isso seja o melhor que podemos humanamente esperar. Governos nunca são muito bons em filosofia. Não é o domínio deles. Os políticos devem mesmo se concentrar na construção de melhores sistemas de saúde. Cabe aos indivíduos criarem filosofias mais adequadas. Médicos não podem resolver por nós o enigma da existência. O que de fato podem é nos proporcionar um pouco mais de tempo para debatê-lo. O que fazemos com esse tempo fica por nossa conta.

Publicado originalmente em *The Guardian*,
em 20 de abril de 2020

A pior epidemia em pelo menos cem anos

Entrevista a Christiane Amanpour (CNN)

Bem, estes são tempos extraordinários. Obviamente, você tem escrito bastante sobre história, sobre o que nos faz humanos. Você se lembra de ter visto, nos tempos modernos, em nossa sociedade tecnológica global, uma crise como a que estamos vivendo?

Como esta, não. Não testemunhamos uma epidemia global nessas proporções em pelo menos cem anos. E, de fato, ninguém tem uma experiência real, vivida, do que estamos vendo agora, o que é parte do que a torna tão assustadora e alarmante. Mas, quando se olha para a perspectiva mais ampla da história, então, sim, a humanidade lidou com muitas epidemias desse tipo antes, e nós provavelmente estamos mais preparados do que nunca para lidar com a crise atual.

Graças à...

Graças à medicina moderna. Quando a peste negra eclodiu, no século XIV, ela se espalhou da China à

Inglaterra em um período de dez anos, matando entre um quarto e metade da população inteira da Ásia e da Europa, e ninguém tinha ideia do que estava acontecendo, de qual era a causa da doença e do que podia ser feito. Hoje, com a epidemia do coronavírus, os cientistas levaram apenas algumas semanas não só para identificar o vírus, mas também para sequenciar seu genoma inteiro e desenvolver testes que pelo menos informam quem tem e quem não tem o vírus. Ainda levará certo tempo até superarmos tudo isso, mas estamos, como falei, mais preparados do que em qualquer outro momento da história.

Mas não podemos nos esquecer de que esse vírus se propagou da China para a Inglaterra e os Estados Unidos num período muito mais curto, em apenas alguns meses. Falando agora como um cidadão comum, o que o amedronta mais, ou o que você mais desejaria que acontecesse para vencermos pelo menos o pânico?

Acho que o pior é a desunião que vemos no mundo. A falta de cooperação, de coordenação, entre países diferentes, e a falta de confiança não só entre países, mas também entre a população e o governo. Este é na prática o momento em que estamos prestando contas pelo que temos visto nos últimos anos, com a epidemia de notícias falsas e a deterioração das relações internacionais. Vamos comparar a presente epidemia à crise financeira de 2008. Aquela foi, claro, uma crise de natureza diferente, mas que guarda certas semelhanças com a atual. Em 2008, você tinha adultos responsáveis no mundo, que assumiram o papel de liderança, arregimentaram o mundo e impediram a concretização dos piores cenários. Mas, nos últimos quatro anos, temos visto uma rápida deterioração da confiança no sistema internacional. O país que liderou a comunidade internacional no combate à crise financeira de 2008 bem como à epidemia do ebola em 2014, os Estados Unidos, agora abre mão de toda e qualquer liderança. Então o que de fato me assusta é a ausência de liderança e cooperação. E o que as pessoas precisam compreender é que a propagação da epidemia em qualquer país ameaça o mundo inteiro, pois há sempre o risco de que, se não for contido a tempo, o vírus venha a sofrer mutações. Esse é talvez um dos piores problemas nesse tipo de epidemia — a rápida evolução do vírus. Isso pode estar acontecendo agora mesmo, em algum lugar no Irã, ou na Itália, ou em qualquer outro lugar, e, onde quer que aconteça, o mundo inteiro estará em risco. A humanidade precisa cerrar fileiras contra o vírus.

Você diz cerrar fileiras, e isso parece ser contrário ao que os populistas e os nacionalistas vêm afirmando desde 2016, seja nos Estados Unidos, aqui na Inglaterra e em outros lugares do mundo: a ideia de que globalização é simplesmente ruim, e que devemos sempre cerrar fileiras para não sermos vítimas de nada de ruim que venha do outro lado da fronteira. Mas você diz agora que essa teoria se revelou um fracasso quando se trata de lidar com esse tipo de crise.

Sim, porque você não pode prevenir epidemias por meio do isolamento. Só se pode preveni-las com informação. Se você deseja mesmo se isolar a ponto de não se expor a epidemias exteriores, não será suficiente voltar para a Idade Média, pois tivemos epidemias desse tipo mesmo na Idade Média. E ninguém pode fazer isso. A verdadeira fronteira a ser protegida com muito cuidado não é a fronteira entre países — é a fronteira entre o mundo humano e a esfera de atuação dos vírus. Os humanos se encontram cercados por uma variedade enorme de vírus que habitam em todos os tipos de animais e lugares. E se um vírus cruza a fronteira do mundo humano, isso representa uma ameaça para a humanidade inteira. É nessa fronteira que devemos pensar. Se um vírus oriundo, por exemplo, de um morcego consegue cruzar a fronteira da espécie humana, esse vírus pode se adaptar ao corpo humano, tornando-se um risco para todos ao redor do globo. É uma ilusão pensar que, a longo prazo, é possível proteger-se contra esse vírus simplesmente fechando as fronteiras do seu país. A política mais efetiva é policiar as fronteiras entre a espécie humana e o mundo do vírus.

Como se faz isso?

Apoiando a atuação dos sistemas de saúde do mundo inteiro, percebendo que uma nova doença infecciosa que emerge agora na África, ou no Irã, ou na China não é um perigo apenas para africanos ou iranianos ou chineses, mas também para os israelenses e os brasileiros. Então precisamos de mais organizações como a OMS, e mais solidariedade internacional, para ajudar os países mais afligidos atualmente. A ajuda poderá vir na forma de equipamentos e profissionais da saúde, assistência econômica ou, talvez mais importante, colaboração científica. Se o país foco da pandemia acreditar que está sozinho, hesitará em tomar medidas drásticas de quarentena, pois dirá que, fechando o país inteiro ou cidades inteiras, a economia entrará em colapso, e ninguém o ajudará, então mais vale esperar para ver se é mesmo um grande perigo. E então é tarde demais. Se um país como a Itália, por exemplo, soubesse que, fechando a economia, receberia ajuda de outras nações, ele se mostraria muito mais disposto a tomar essas medidas drásticas mais cedo, e isso seria um benefício para toda a humanidade. Cada euro que a Alemanha e a França gastam apoiando a Itália nessa situação os fará economizar outros cem mais tarde, não precisando lidar com a epidemia em suas próprias cidades.

Agora que esse vírus está à solta, pode-se dizer que tem havido ao redor do mundo uma resposta, ainda que lenta, no sentido de policiar aquela fronteira entre vírus e humanos. A Itália tomou uma medida drástica. O país inteiro está fechado. O que pensa disso?

Eu diria que se trata de um teste, especialmente para a União Europeia, que perdeu muito apoio ao longo dos últimos anos, e que essa é a chance para que a União Europeia prove de fato seu valor. É o momento para que os outros membros da União auxiliem a Itália. Se fizerem isso, irão não apenas proteger seus próprios cidadãos, mas mostrarão o valor de um sistema como o da União Europeia. Se não fizerem isso, o vírus destruirá a União, e não apenas vidas individuais.

Quero perguntar sobre o impacto social. Quando as pessoas se veem forçadas a se isolar com pouquíssima informação, com pouquíssimos testes e pouquíssima confiança no que lhes tem sido dito, como isso afeta a sociedade?

A questão imediata é a da confiança — se as pessoas confiam nos seus governos, se confiam no que a mídia diz. Pois, para uma quarentena bem-sucedida, você precisa da cooperação da população. E essa é uma questão bastante problemática, porque esse tipo de confiança tem sido minada nos últimos anos. A outra questão, de longo prazo, relaciona-se ao monitoramento. Um dos perigos na atual epidemia é que ela justifique medidas extremas de monitoramento, especialmente monitoramento biométrico, que serão apresentadas como meio de combater esta emergência, mas que permanecerão mesmo depois que ela for vencida. Estamos falando de um sistema que monitore a população inteira o tempo todo por meio de sinais biométricos, supostamente para proteger as pessoas de epidemias futuras, mas que também pode formar a base de um regime totalitário extremo. Estamos enfrentando um grande problema relacionado à privacidade e ao monitoramento em nossa época, e acho que veremos uma grande batalha entre privacidade e saúde — e é provável que a balança pese para o lado da saúde. As pessoas perderão toda privacidade para que o governo as proteja da propagação de possíveis epidemias. O fato é que a tecnologia pode ser muito efetiva. Agora temos tecnologia para monitorar populações inteiras e detectar, por exemplo, a deflagração de uma nova doença quando está apenas começando e é mais fácil contê-la, seguindo todas as pessoas infectadas e sabendo exatamente quem são e o que fazem. Mas esse tipo de sistema de monitoramento mais tarde pode ser usado para monitorar muitas outras coisas — o que as pessoas pensam, o que sentem — e, se não tomarmos cuidado, essa epidemia pode fornecer justificativas para o desenvolvimento acelerado de um regime totalitário.

Esse é um pensamento bem cruel, difícil de digerir. Os humanos não foram feitos para se isolar, isto é, para ser uma espécie que se autoisola. E já começam a circular histórias de pessoas na Itália e em outros lugares — senhoras que gostam de ir ao café conversar, ter seus contatos, e estão sendo proibidas —, histórias de solidão, de síndrome de isolamento e depressão. Isso também é uma grande preocupação para a sociedade.

Os humanos são especialmente vulneráveis a epidemias, pois somos animais sociais. E é assim que epidemias se propagam. O que é capcioso nos vírus é que eles muitas vezes usam os melhores instintos da natureza humana contra nós mesmos. Exploram o fato não apenas de que gostamos de socializar, mas também o fato de que ajudamos uns aos outros. Quando alguém adoece, a coisa óbvia e natural a fazer, especialmente se se trata de um membro da família ou um amigo, é prestar auxílio, cuidar, dar apoio emocional, tocá-lo, abraçá-lo. E é exatamente assim que o vírus se propaga. Então o vírus se vale das melhores partes da natureza humana contra nós. E há dois modos de lidar com isso: um modo é dar informação às pessoas. Se as pessoas confiam nas informações que recebem, elas podem temporariamente mudar de comportamento até o fim da epidemia. O outro modo é o método totalitário, que por sinal não poderia ser adotado na Idade Média, mas hoje, sim: monitorar todo mundo, sobretudo para identificar os primeiros sinais de adoecimento. Mesmo sem colocar nada dentro do seu corpo, atuando apenas à distância, agora já temos a tecnologia para saber se sua temperatura corporal está mais elevada. E podemos saber quem são todas as pessoas que você encontrou. E quem, por exemplo, rompeu as regras de não abraçar ou não beijar. Então, se as pessoas não acreditarem nas informações que recebem, e se não agirem movidas pela confiança, poderão ser obrigadas a isso por um regime onipresente de monitoramento. Essa é a coisa mais perigosa. Espero que a humanidade não siga nessa direção.

Entrevista veiculada na CNN, em 15 de março de 2020

Lições de pandemias passadas e alertas para o futuro

Entrevista a Linda Lew
(South China Morning Post)

O historiador Yuval Harari, autor de *Sapiens* e *Homo Deus*, responde a uma série de perguntas do *South China Morning Post* sobre como a pandemia do coronavírus impõe desafios sem precedentes em termos de privacidade, governança e cooperação global.

Em Homo Deus, *você escreveu: "Se é que de fato temos sob controle a fome, as pragas e a guerra". Considerando que a expansão da pandemia do coronavírus segue inabalável, ainda crê que a humanidade conseguiu, em grande medida, domar as pragas?*

Nós obviamente não podemos impedir o aparecimento de novas doenças infecciosas. Patógenos saltam o tempo todo dos animais para os humanos, ou sofrem mutações que os tornam mais contagiosos e mortais do que antes. Contudo, temos, sim, o poder de controlar essas pragas, impedindo-as de matar milhões e de destruir a economia.

Devemos comparar nossa situação atual com o quadro de épocas passadas. Quando as pestes se propagavam numa era pré-moderna, os humanos em geral não tinham ideia do que as causava e do que poderia ser feito para contê-las. Quando, no século XVI, a varíola e outras epidemias mataram até 90% das populações nativas das Américas, os astecas, os maias e os incas não souberam explicar por que morriam aos milhões.

Por outro lado, hoje os médicos estão vencendo a luta contra os patógenos. Diferentemente dos vírus, que dependem de mutações às cegas, os médicos em todo o mundo podem compartilhar informações. Países podem enviar especialistas e equipamentos para ajudar uns aos outros a conter a peste. Governos e bancos podem elaborar um plano conjunto para impedir o colapso econômico.

Mas há uma pequena ressalva. O fato de a humanidade ter o poder de controlar a propagação dessas pragas não significa que sempre terá a sabedoria necessária para usar esse poder da forma correta. Em 2015, escrevi em *Homo Deus* que, "embora não possamos ter certeza de que algum novo surto de ebola ou de que alguma cepa gripal desconhecida não se propagará pelo globo matando milhões, nós não olharemos para isso como uma calamidade natural inevitável. Antes, veremos aí um fracasso humano indesculpável e demandaremos a cabeça dos responsáveis. A humanidade dispõe do conhecimento e das ferramentas para prevenir novas pragas e, se mesmo assim uma epidemia fugir do nosso controle, a causa disso será a incompetência humana, não a ira divina".

Penso que essas palavras ainda se sustentam. O que temos visto ao redor do mundo não é um desastre natural inevitável. É um fracasso humano. Governos irresponsáveis negligenciaram seus sistemas de saúde, não reagiram a tempo e, no momento, mostram-se incapazes de cooperar de forma efetiva em um nível global. Temos o poder de parar tudo isso, mas até o momento nos falta a sabedoria necessária.

A China está tentando transmitir uma imagem de sucesso no controle da epidemia, afirmando que conseguiu erradicar a propagação doméstica. Os regimes autoritários, que podem impor o bloqueio total, estão mais bem equipados para pandemias do que as democracias ocidentais?

Não necessariamente. É mais fácil lidar com uma epidemia se você puder contar com uma população bem informada e motivada do que se precisar policiar uma população ignorante e desconfiada. É possível fazer milhões de pessoas lavarem as mãos com sabão todos os dias pondo policiais ou câmeras em seus banheiros? É muito difícil. Mas, se você educa as pessoas, e se elas confiam nas informações que recebem, então podem fazer a coisa certa por iniciativa própria.

Aprendi na escola que vírus e bactérias provocam doenças. Aprendi que lavar minhas mãos com sabão pode remover ou matar esses patógenos. Eu confio nessa informação. Então lavo as mãos por iniciativa própria. Assim como bilhões de outras pessoas.

O problema é que, nos últimos anos, políticos populistas em muitos países — incluindo países democráticos — têm deliberadamente solapado a confiança das pessoas na ciência, na mídia e nas autoridades públicas. Sem essa confiança, as pessoas não sabem ao certo o que fazer. A solução não é impor um regime autoritário. A solução é reconstruir a confiança na ciência, na mídia e nas autoridades. Uma vez estabelecida essa confiança, é possível acreditar que as pessoas farão a coisa certa mesmo sem monitoramento constante ou medo de punições.

Vimos países como a China usando smartphones e aplicativos para coletar a localização e os dados mé-

dicos dos cidadãos a fim de combater a epidemia. A pandemia global pode estimular o desenvolvimento de um Estado mais biométrico?

Sim, esse é um grande risco. A epidemia do coronavírus pode marcar um momento crítico na história do monitoramento. Primeiro, porque pode legitimar e normalizar o emprego de ferramentas de vigilância em massa em países que, até o momento, as têm rejeitado. Em segundo lugar, e isso é até mais relevante, pode implicar uma transição dramática de um monitoramento "*sobre* a pele" para um "*sob* a pele". Antes, os governos monitoravam sobretudo suas ações no mundo — aonde você vai, quem você encontra. Agora vão ficando mais interessados no que anda se passando dentro do seu corpo. Seu quadro clínico, sua temperatura corporal, sua pressão sanguínea. Esse tipo de informação biométrica pode contar muito mais sobre você ao governo.

Imagine um Estado totalitário que daqui a dez anos exija que todo cidadão use constantemente um dispositivo biométrico. Valendo-se do nosso entendimento crescente do corpo humano e do cérebro, e usando os imensos poderes da inteligência artificial, esse regime pode ser capaz, pela primeira vez na história, de saber o que cada cidadão está sentindo a cada momento. Se você estiver escutando o discurso do Grande Líder na televisão, e os sensores biométricos captarem os sinais característicos da raiva (pressão sanguínea elevada, leve aumento na temperatura corporal, crescimento na atividade das amígdalas), você correrá sérios riscos. Pode até sorrir e bater palmas mecanicamente, mas, se estiver mesmo com raiva, o regime saberá.

Os governos podem argumentar que esse cenário distópico nada tem a ver com as atuais medidas mobilizadas para combater a covid-19. Seriam apenas medidas temporárias, tomadas durante um estado de emergência. Mas medidas temporárias têm o hábito desagradável de se tornar permanentes. Depois que esta pandemia arrefecer, alguns governos poderão argumentar que precisam manter os novos sistemas de monitoramento, por temerem novos vírus, ou porque querem proteger as pessoas da gripe sazonal. Por que se limitar a vencer o coronavírus?

Alguns governos, como os dos Estados Unidos e dos países europeus, demoraram para agir mesmo tendo meses para se preparar, enquanto a epidemia castigava a China. O que devemos aprender com isso?

Espero que a principal lição desta epidemia seja a

compreensão de que estamos todos no mesmo barco. Não se trata de uma crise chinesa ou italiana, é uma crise global. Pessoas no mundo inteiro compartilham as mesmas experiências, medos e interesses. Da perspectiva do vírus, somos todos iguais, somos todos presas humanas. E, da perspectiva humana, se a epidemia se alastra por qualquer país, todos corremos riscos, pois ela também pode nos alcançar. Portanto, precisamos de um plano global de combate à epidemia.

Esta pandemia poderia levar os países a reconsiderar a globalização, instalando mais barreiras em termos de fronteiras, comércio e cultura?

Há, sim, quem ponha a culpa do coronavírus na globalização e diga que, para prevenir outras crises do tipo, devemos desglobalizar o mundo. Mas isso é um grande equívoco. Epidemias alastram-se desde muito antes da globalização. Na Idade Média, os vírus viajavam na velocidade de um cavalo de carga. No entanto, pragas como a peste negra foram muito mais mortais. Se você quiser se defender de epidemias por meio do isolamento, vai ter de voltar para a Idade da Pedra. Foi a última época em que os humanos viveram livres de epidemias, pois havia pouquíssimos humanos, com pouquíssimas ligações entre si.

O principal antídoto para epidemias não é isolamento e segregação, é informação e cooperação. A grande vantagem dos seres humanos sobre os vírus é a habilidade de cooperar de modo efetivo. Um coronavírus na China e um coronavírus nos Estados Unidos não podem trocar ideias sobre como infectar mais humanos. Mas a China pode ensinar aos Estados Unidos uma porção de lições valiosas sobre o coronavírus e sobre como lidar com ele. Mais do que isso, a China pode enviar especialistas e equipamentos para ajudar os Estados Unidos de forma direta. Os vírus não podem fazer nada do tipo.

Infelizmente, graças à falta de liderança, não estamos aproveitando ao máximo nossa habilidade de cooperar. Nos últimos anos, políticos irresponsáveis em várias partes do mundo solaparam de maneira deliberada a confiança na cooperação internacional. E agora pagamos o preço por isso. Parece não haver adultos na sala.

Com sorte, logo veremos uma maior e melhor cooperação em especial nos cinco campos a seguir:

1. Compartilhamento de informação confiável. Os países que já passaram pela epidemia devem ensinar o que aprenderam aos demais. Dados do mundo inteiro devem ser rápida e abertamente compartilha-

dos no esforço para conter a epidemia e desenvolver remédios e vacinas.

2. Coordenação da produção global e distribuição justa dos equipamentos médicos essenciais, como kits de testagem, materiais de proteção e respiradores. A coordenação global pode transcender gargalos na produção, garantindo que o equipamento vá para os países que mais precisam em vez dos mais ricos.

3. Os países menos afetados devem enviar médicos, enfermeiros e especialistas para os países mais afligidos, tanto para ajudá-los como para adquirir uma experiência valiosa. O centro da epidemia está sempre mudando. No início, era a China, agora é a Europa, no próximo mês talvez sejam os Estados Unidos e, mais tarde, o Brasil. Se o Brasil enviar auxílio à Itália agora, talvez em dois meses, quando a Itália se recuperar e o Brasil se encontrar em meio à crise, a Itália retribua o favor.

4. Criação de uma rede de proteção econômica global para salvar os países e setores mais afligidos. Isso é particularmente importante para os países mais pobres. Os países ricos, como os Estados Unidos, o Japão e a Alemanha, ficarão bem. Mas, uma vez que a epidemia se alastrar para países da África, do Oriente Médio e da América do Sul, poderá conduzir ao

completo colapso econômico, a não ser que tenhamos um plano global de ação engatilhado.

5. Formulação de um acordo global para a pré-triagem de viajantes, permitindo que aqueles que são essenciais continuem cruzando fronteiras. Se o país de origem operar uma triagem cuidadosa antes do embarque, o país de destino deverá se sentir seguro para acolhê-los.

Entrevista publicada no *South China Morning Post*, em 1º de abril de 2020

Toda crise é também uma oportunidade

Entrevista ao Correio da Unesco

Numa entrevista ao *Correio da Unesco*, o historiador Yuval Noah Harari, autor de *Sapiens*, *Homo Deus* e *21 lições para o século 21*, analisa as prováveis consequências da atual crise sanitária do coronavírus e sublinha a necessidade de uma maior cooperação científica internacional e do compartilhamento de informações entre os países.

Como esta pandemia global difere de crises de saúde do passado e o que isso nos diz?

A humanidade sobreviveu a muitas crises sanitárias, como a epidemia da aids, a da gripe de 1918-9 e a peste negra. Em termos puramente médicos, a covid-19 é muito menos perigosa que algumas das doenças que já enfrentamos. No começo dos anos 1980, se você contraísse aids, era morte certa. A peste negra matava entre um quarto e metade das populações atingidas. A gripe de 1918 matou mais de 10% da população total em alguns países. Em comparação, a não ser que alguma mutação perigosa ocorra, é pouco provável que a covid-19 mate mais do que 1% da população em qualquer país.

Além disso, ao contrário de épocas anteriores, agora temos todo o conhecimento científico e as ferramentas tecnológicas necessárias para vencer a praga. Quando a peste negra deflagrou, as pessoas viram-se completamente desamparadas. Em 1348, a faculdade de medicina da Universidade de Paris acreditava que a causa da epidemia era um infortúnio astrológico — a saber, "uma grande conjunção de três planetas em Aquário [provocara] uma corrupção fatal do ar".[1]

Ao contrário desses parisienses medievais, nós sabemos o que causa a covid-19, e também sabemos o que fazer para interromper seu avanço. É provável que em um ou dois anos até tenhamos uma vacina.

Contudo, a covid-19 não representa apenas uma crise de saúde. Dela resulta uma grande crise política e econômica. Tenho menos medo do vírus do que dos demônios interiores da humanidade: ódio, ganância e ignorância. Se as pessoas colocarem a culpa pela epidemia nos estrangeiros e nas minorias; se as corporações

1. Rosemary Horrox (Org.). *The Black Death*. Manchester: Manchester University Press, 1994, p. 159.

gananciosas importarem-se apenas com os lucros; e se acreditarmos em toda sorte de teoria da conspiração, será muito mais difícil superar esta epidemia, e mais tarde viveremos em um mundo envenenado por esse ódio, essa ganância e essa ignorância. Mas, se reagirmos à epidemia com solidariedade e generosidade global, e se confiarmos na ciência e não nas teorias conspiratórias, tenho certeza de que podemos não apenas vencer esta crise, como sair dela muito mais fortes.

Em que medida o distanciamento social pode se tornar a norma? Que efeito terá nas sociedades?

Até quando durar a crise, algum distanciamento social é inevitável. O vírus se alastra explorando nossos melhores instintos. Somos animais sociais. Gostamos de contato, especialmente em tempos difíceis. Então precisamos agir com a cabeça em vez do coração e, apesar das dificuldades, reduzir nosso nível de contato. O vírus é um pedacinho de informação genética sem consciência, mas nós, humanos, que somos dotados de mentes, podemos analisar a situação com racionalidade e alterar o modo como nos comportamos. Acredito que, terminada a crise, não veremos efeitos de longo prazo nos nossos instintos humanos mais elementares. Ainda seremos animais sociais. Ainda amaremos o contato físico. E ainda correremos em auxílio dos amigos e parentes.

Veja, por exemplo, o que aconteceu com a comunidade LGBT na esteira da aids. Foi uma epidemia terrível, e os homossexuais viram-se muitas vezes completamente abandonados pelo Estado; no entanto, a epidemia não provocou a desintegração dessa comunidade. Pelo contrário. Já no momento crítico da crise, voluntários LGBT estabeleceram muitas novas organizações para ajudar os doentes, divulgar informação confiável e lutar por direitos políticos. Nos anos 1990, depois dos piores anos da epidemia, a comunidade LGBT emergiu muito mais forte do que antes.

Como você vê o estado da cooperação internacional, em termos de ciência e informação, depois da crise? A Unesco foi criada depois da Segunda Guerra Mundial com o intuito de promover a cooperação científica e intelectual pelo fluxo livre de ideias. O "fluxo livre de ideias" e a cooperação entre os países podem sair fortalecidos como resultado da crise?

Nossa grande vantagem sobre o vírus é nossa habilidade de cooperar de forma efetiva. E, de todas as formas de cooperação, o compartilhamento de informação é provavelmente o mais importante, pois não se pode fazer nada sem informações precisas. Não é possível desenvolver remédios e vacinas sem informações confiáveis. Na verdade, até o isolamento depende da informação. Sem compreender como uma doença se alastra, como será possível colocar as pessoas em quarentena para combatê-la?

Por exemplo, o isolamento contra a aids é bem diferente do isolamento contra a covid-19. Para isolar-se contra a aids, você precisa usar camisinha durante o sexo, mas não há risco em conversar cara a cara com uma pessoa soropositiva — ou em apertar sua mão ou mesmo abraçá-la. A covid-19 é outra história. Para saber como se isolar de uma epidemia em particular, você precisa primeiro de informações confiáveis sobre a sua causa. É um vírus ou uma bactéria? É transmissível pelo sangue ou pelo ar? A doença põe em risco os idosos ou as crianças? Há apenas uma cepa do vírus ou várias cepas mutantes?

Nos últimos anos, políticos autoritários e populistas procuraram não apenas bloquear o fluxo livre de informações, mas também solapar a confiança do público na ciência. Alguns políticos descreveram os cientistas como uma elite sinistra, desconectada do "povo". Esses políticos orientaram seus seguidores a não acreditar no que os cientistas afirmam sobre mudança climática ou mesmo sobre vacinas. Deveria ser óbvio para qualquer um como são perigosas essas mensagens populistas. Numa época de crise, precisamos que as informações fluam livremente, e que as pessoas confiem nos cientistas e não em políticos demagogos.

Espero que as pessoas se lembrem da importância da informação científica confiável mesmo depois de passada a crise. Se queremos usufruir da informação científica confiável em um momento de emergência, devemos investir nela em tempos normais. A informação científica não cai do céu, nem brota da mente de gênios individuais. Ela necessita de instituições independentes e fortes, como universidades, hospitais e jornais. Instituições que não apenas pesquisem a verdade, mas que também sejam livres para dizer a verdade às pessoas, sem medo de serem punidas por governos autoritários. Leva-se anos para construir instituições dessa natureza. Mas vale a pena. Uma sociedade que equipa seus cidadãos com uma boa educação científica, e que é servida por instituições independentes e fortes, pode lidar com uma epidemia de forma muito mais eficaz do que uma ditadura brutal que precisa policiar constantemente uma população ignorante.

Qual a importância de os países trabalharem juntos para disseminar informação confiável?

Os países precisam compartilhar informação confiável não apenas sobre questões médicas específicas, mas também sobre uma ampla gama de outros assuntos — do impacto econômico da crise à condição psicológica dos cidadãos. Suponha que o país X está debatendo no momento que tipo de lockdown adotar. Ele precisa levar em conta não apenas a propagação da doença, mas também os custos econômicos e psicológicos do bloqueio total. Outros países já enfrentaram esse dilema antes e tentaram políticas diferentes. Em vez de agir na base da pura especulação, repetindo erros passados, o país X pode examinar quais foram de fato as consequências das diferentes políticas adotadas na China, na Coreia do Sul, na Suécia, na Itália e no Reino Unido. Assim poderá tomar melhores decisões. Mas isso só se todos esses países relatarem honestamente não apenas o número de doentes e mortos, mas também o que aconteceu com suas economias e com a saúde mental de seus cidadãos.

O surgimento da Inteligência Artificial e a necessidade de soluções tecnológicas impulsionaram o avanço das empresas privadas. Nesse contexto, ainda é possível desenvolver princípios éticos globais e restaurar a cooperação internacional?

À medida que as empresas privadas começam a se envolver com a questão, torna-se ainda mais importante estabelecer princípios éticos globais e restaurar a cooperação internacional. Algumas empresas privadas podem encontrar mais motivação na ganância do que na solidariedade, por isso é preciso uma regulação rígida. Mesmo aquelas que fazem boas ações não prestam contas diretamente ao público, então é perigoso permitir que acumulem poder demais.

Isso é verdadeiro sobretudo quando o assunto é monitoramento. Estamos testemunhando a criação de novos sistemas de vigilância ao redor do mundo, tanto por governos como por corporações. Isso precisa ser cuidadosamente regulamentado.

Você poderia sugerir alguns princípios éticos pelos quais esses novos sistemas de monitoramento podem ser regulamentados?

Idealmente, o sistema de monitoramento deveria ser operado por uma autoridade especial de saúde, e não por uma empresa privada ou por serviços de segurança. A autoridade de saúde deve se concentrar apenas na prevenção de epidemias e não ter qualquer outro interesse político ou comercial. Fico particularmente alarmado quando escuto pessoas comparando a crise da covid-19 a situações de guerra, clamando para que os serviços de segurança assumam o comando. Não estamos numa guerra. Trata-se de uma crise de saúde. Não há inimigos humanos a eliminar. A questão é cuidar das pessoas. A imagem predominante na guerra é a de um soldado avançando com seu fuzil. Agora, a imagem nas nossas cabeças deve ser a de enfermeiros trocando os lençóis do leito de um hospital. Soldados e enfermeiros pensam de maneira muito diferente. Se você quer colocar alguém no comando, não coloque um soldado. Coloque um enfermeiro.

A autoridade de saúde deve coletar o mínimo de dados necessário para a tarefa específica de prevenir epidemias, e não deve compartilhá-los com nenhuma outra instituição estatal — principalmente a polícia. Nem tampouco com empresas privadas. Deve garantir que os dados coletados sobre os indivíduos jamais sejam usados para prejudicá-los ou manipulá-los — por exemplo, acarretando a perda do emprego ou da seguridade dessa ou daquela pessoa.

A autoridade de saúde pode tornar os dados acessíveis à pesquisa científica, mas só se os frutos dessa pesquisa forem disponibilizados gratuitamente para a humanidade e um eventual lucro for reinvestido na oferta de um melhor sistema de saúde para as pessoas.

Em contraste com todas essas limitações ao compartilhamento de dados, os próprios indivíduos devem ter total controle sobre os dados pessoais coletados. Devem ser livres para examiná-los e se beneficiarem deles.

Por fim, considerando que tais sistemas de monitoramento seriam provavelmente de natureza nacional, as diferentes autoridades de saúde teriam de cooperar entre si para de fato prevenir epidemias. Uma vez que os patógenos não respeitam as fronteiras nacionais, a não ser que combinemos dados de países diferentes, será difícil detectar e parar epidemias. Se o monitoramento nos diferentes países for feito por uma autoridade de saúde independente, sem interesses políticos e comerciais, será muito mais fácil para essas entidades nacionais cooperarem globalmente.

Você mencionou uma deterioração acelerada e recente da confiança no sistema internacional. Como você vê as profundas mudanças na cooperação multilateral no futuro?

Eu não sei o que vai acontecer no futuro. Depende das escolhas que fizermos no presente. Os países podem escolher competir por recursos escassos, promovendo políticas egoístas e isolacionistas, ou podem escolher ajudar uns aos outros num espírito de solidariedade global. Essa escolha moldará o curso tanto da presente crise como do futuro do sistema internacional nos anos por vir.

Toda crise é também uma oportunidade. Com sorte, a atual crise ajudará a humanidade a compreender o perigo agudo representado pela desunião global. Se essa epidemia, ao fim de tudo, resultar de fato numa cooperação global mais próxima, teremos aí uma vitória não apenas contra o coronavírus, mas contra todos os perigos que ameaçam a humanidade — da mudança climática à guerra nuclear.

Você comenta como as escolhas que fazemos agora afetarão nossas sociedades em termos econômicos, políticos e culturais por anos a fio. Que escolhas são essas, e quem será responsável por fazê-las?

Temos muitas escolhas a fazer. Não apenas entre isolacionismo nacionalista e solidariedade global. Outra questão importante é se as pessoas apoiarão a ascensão de ditadores, ou se farão questão de lidar com a emergência de modo democrático. Quando os governos gastarem bilhões para auxiliar empresas arruinadas, vão salvar as grandes corporações ou os pequenos negócios de família? À medida que as pessoas passam a trabalhar em casa, comunicando-se on-line, isso resultará no colapso do trabalho formal ou veremos mais proteção aos direitos trabalhistas?

Todas essas são escolhas políticas. Precisamos estar cientes de que enfrentamos agora não apenas uma crise sanitária, mas também uma crise política. A mídia e os cidadãos não devem se deixar distrair completamente pela epidemia. É importante acompanhar as últimas notícias sobre o vírus em si — quantas pessoas morreram hoje, quantas foram infectadas. Mas também é importante prestar atenção na política e pressionar os políticos a fazer a coisa certa. Os cidadãos devem pressionar os políticos a agir no espírito de solidariedade global, a cooperar com os outros países em vez de culpá-los, a distribuir fundos de maneira justa, a preservar os pesos e contrapesos da democracia — mesmo em meio a uma emergência.

A hora de fazer tudo isso é agora. Quem quer que seja eleito para o governo nos próximos anos não será capaz de reverter as decisões que tomarmos agora. Se você for eleito presidente em 2021, será como chegar a uma festa quando ela já acabou e só resta lavar os pratos. Se você for eleito presidente em 2021, descobrirá que o governo anterior já distribuiu dezenas de bilhões de dólares — e você tem uma montanha de dívidas a pagar. O governo anterior já reestruturou o mercado de trabalho — e você não pode começar tudo do zero de novo. O governo anterior já introduziu novos sistemas de monitoramento — e eles não podem ser abolidos da noite para o dia. Então não espere até 2021. Monitore o que os políticos estão fazendo agora mesmo.

Entrevista publicada originalmente
no Correio da Unesco, em março de 2020

1ª EDIÇÃO [2020] 1 reimpressão

ESTA OBRA FOI COMPOSTA PELA SPRESS EM ELECTRA E
IMPRESSA EM OFSETE PELA LIS GRÁFICA SOBRE PAPEL PÓLEN BOLD
DA SUZANO S.A. PARA A EDITORA SCHWARCZ EM FEVEREIRO DE 2021